奇妙科学探寻

不可缺的重力

孙静 主编

长江出版社
CHANGJIANG PRESS

图书在版编目(CIP)数据

不可缺的重力 / 孙静主编. —武汉：长江出版社，2021.9
（奇妙科学探寻）
ISBN 978-7-5492-7920-3

Ⅰ.①不… Ⅱ.①孙… Ⅲ.①重力—儿童读物Ⅳ.
①O314-49

中国版本图书馆 CIP 数据核字(2021)第 186468 号

不可缺的重力 孙静 主编

责任编辑：梁琰
出版发行：长江出版社
地　　址：武汉市解放大道1863号 **邮　　编：**430010
网　　址：http://www.cjpress.com.cn
电　　话：(027)82926557(总编室)
(027)82926806(市场营销部)
经　　销：各地新华书店
印　　刷：湖北嘉仑文化发展有限公司
规　　格：710mm × 1000mm 1/16 2印张 30千字
版　　次：2021年9月第1版 2021年9月第1次印刷
ISBN 978-7-5492-7920-3
定　　价：48.80元

献给孩子的《奇妙科学探寻》

你是一个热爱科学的孩子吗？你梦想过成为一名科学家吗？

你了解一年四季的特征吗？你知道花儿有哪些媒人吗？你想过去太阳系畅游吗？

如果你立志成为一个热爱科学的人，那么从今天开始，来了解我们身边的世界，探索大自然的奥秘吧。

我们为热爱科学的孩子创作了这样一套《奇妙科学探寻》绘本。在这里，你可以触摸到可爱的动物、神奇的植物，还有好多神秘而又有趣的知识呢；在这里，你可以读到很多精彩的故事，可以欣赏到美丽而又精致的画面。更重要的是，这里的故事蕴藏着宝贵的科学道理。书中有“成长笔记”和“延伸阅读”两个小栏目，它们会像指路明灯一样指引着我们，走近科学，爱上科学。

好吧，让我们一起翻开书，一起走进知识的海洋吧！

xiǎo yǔ cóng tiān ér jiàng ràng hú miàn fàn qǐ yí piàn lián yī xiǎo yǔ
小雨从天而降，让湖面泛起一片涟漪；小雨

xī xī lì lì ràng shù yè fǎng fú zài tán zòu yì shǒu yōu měi de yuè qǔ
淅淅沥沥，让树叶仿佛在弹奏一首优美的乐曲；

xiǎo yǔ piāo sǎ bú duàn ràng zhí wù néng shǔn xī dào gān tián de yǔ lù
小雨飘洒不断，让植物能吮吸到甘甜的雨露。

成长笔记

地球的引力作用使空中的物体向地面下落，所以雨水会从天上落下来。

yǔ guò tiān qíng kōng qì qīng xīn
雨过天晴，空气清新。

zài zhè měi hǎo de rì zi li sōng shǔ yì jiā yòu tiān le xīn chéngyuán xiǎo sōng shǔ jiā jia
在这美好的日子里，松鼠一家又添了新成员。小松鼠佳佳

yīn dì di mèi mei de dào lái xīng fèn jí le
因弟弟、妹妹的到来兴奋极了。

zhè tiān zǎo shang jiā jia zài shù shang wèi
这天早上，佳佳在树上为
dì di mèi mei zhāi xiàng guǒ hū rán tīng jiàn shēn
弟弟、妹妹摘橡果，忽然听见身
hòu kā chā yì shēng niǔ tóu yí kàn yì zhī
后“咔嚓”一声，扭头一看，一只
diāo shuāi le xià qù yào bú shì shù zhī duàn le
貂摔了下去。要不是树枝断了，
jiā jia jiù chéng le diāo de měi cān
佳佳就成了貂的美餐。

成长笔记

地面附近的物体由于地球的吸引受到的力叫做重力。貂失足后，受到地球的吸引，因此会从树上摔到地上。

yǒu jīng wú xiǎn de jiā jia zhǔn bèi qù zhǎo tā de hǎo péng you xiǎo xióng lù shang kàn jiàn niǎo mā ma zhèng zài gěi hái zi
有惊无险的佳佳准备去找它的好朋友小熊，路上看见鸟妈妈正在给孩子

men wèi shí xiǎo niǎo men zhāng kāi xiǎo zuǐ děng zhe xiǎo chóng zi diào dào zuǐ li
们喂食。小鸟们张开小嘴，等着小虫子掉到嘴里。

成长笔记

小虫能掉到小鸟嘴里，是因为重力的方向总是竖直向下的。

jiā jia zhǎo dào xiǎo xióng shí tā zhèng zài pù bù xià chōng liáng ne
佳佳找到小熊时，它正在瀑布下冲凉呢！

tā men liǎ yì qǐ wán de kě kāi xīn le
它们俩一起玩得可开心了。

成长笔记

河水在河谷中奔流，遇上陡峭的地形，流水在高处落下形成瀑布。水会下落是因为重力。

zhuǎn yǎn qiū tiān dào le sōng guǒ diào de mǎn dì dōu shì zhè kě shì jiā jia zuì gāo xìng de
转眼秋天到了，松果掉得满地都是。这可是佳佳最高兴的

shí hou le
时候了。

xiǎo tù zi wèn jiā jia nǐ chī de sōng guǒ wèi shén me huì zì jǐ diào dào dì shang ne
小兔子问佳佳：“你吃的松果为什么会自己掉到地上呢？”

jiā jia xiǎng le xiǎng rán hòu yáo le yáo tóu
佳佳想了想，然后摇了摇头。

kū huáng de shù yè zài kōngzhōng fēi wǔ zuì hòu ān rán de luò zài dì
枯黄的树叶在空中飞舞，最后安然地落在地
shang nà shì tā men zuì zhōng de guī sù jiā jia kàn zhe luò yè xiàn rù chén sī
上，那是它们最终的归宿。佳佳看着落叶陷入沉思：
yǔ diāo xiǎo chóng pù bù sōng guǒ shù yè wèi shén me zuì hòu dōu luò xià
“雨、貂、小虫、瀑布、松果、树叶，为什么最后都落下
lái le ne
来了呢？”

jiā jia biān zǒu biān xiǎng zhe tiān sè jiàn hēi gū gū guā yì shēng jiā jia xià le yí tiào
佳佳边走边想着，天色渐黑，“咕咕呱”一声，佳佳吓了一跳。

tā tái tóu yí kàn yuán lái shì māo tóu yīng dà shěn zài gēn tā dǎ zhāo hu
它抬头一看，原来是猫头鹰大婶在跟它打招呼。

jiā jia bǎ xīn zhōng de yí huò gào su le māo tóu yīng dà shěn
佳佳把心中的疑惑告诉了猫头鹰大婶。

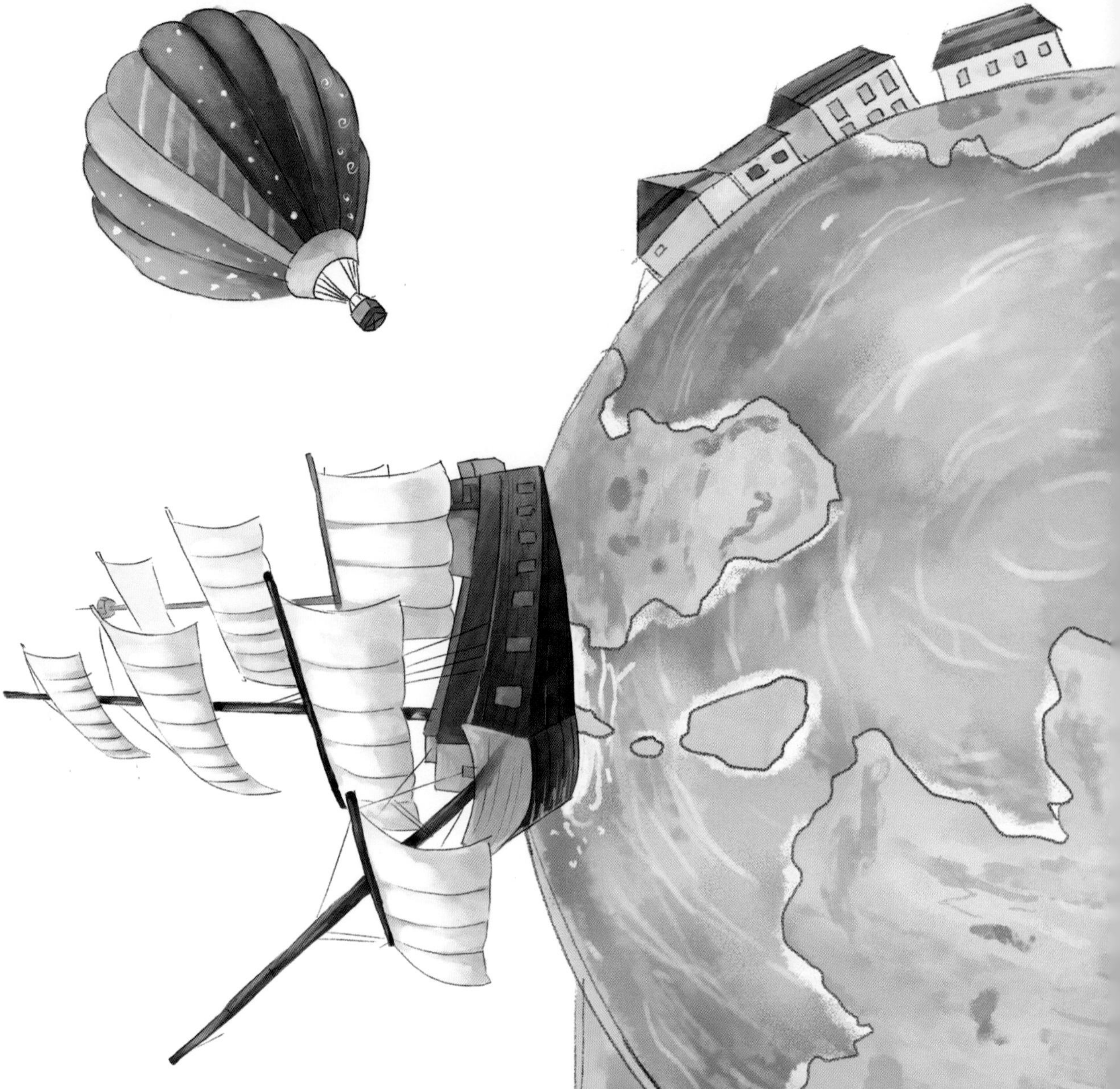

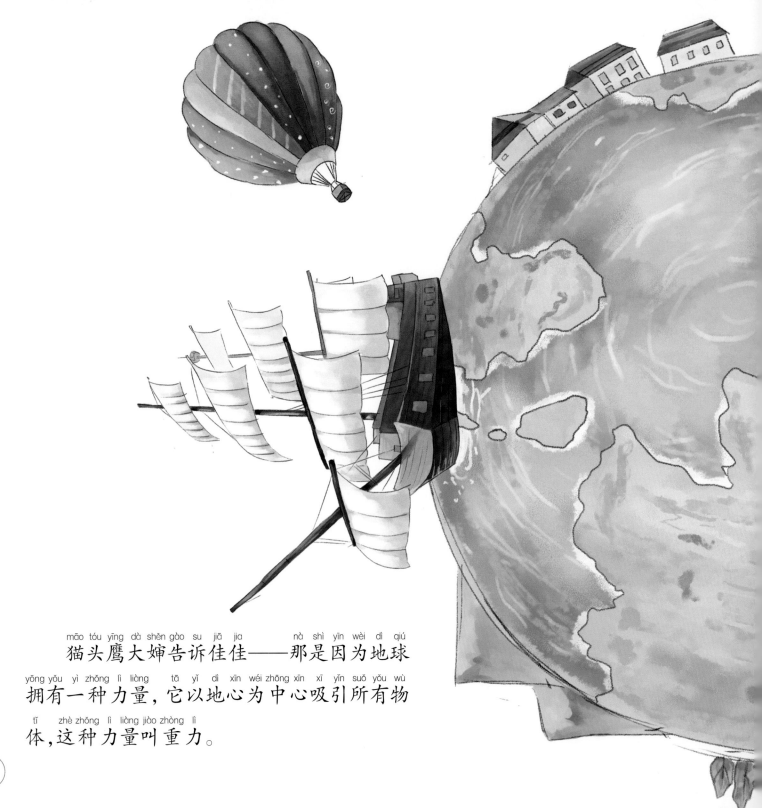

māo tóu yīng dà shěn gào su jiā jia nà shì yīn wèi dì qiú
猫头鹰大婶告诉佳佳——那是因为地球
yōng yǒu yì zhǒng lì liàng tā yǐ dì xīn wéi zhōng xīn xī yǐn suǒ yǒu wù
拥有一种力量，它以地心为中心吸引所有物
tǐ zhè zhǒng lì liàng jiào zhòng lì
体，这种力量叫重力。

jiā jia wèn rú guǒ méi yǒu le zhòng lì huì zěn yàng
佳佳问:“如果没有了重力会怎样?”

māo tóu yīng dà shěn jiě shì shuō rú guǒ méi yǒu le zhòng lì nà yí qiè dōu
猫头鹰大婶解释说:“如果没有了重力,那一切都

huì piāo fú zài kōngzhōng bú huì luò dào dì miànshang le
会飘浮在空中,不会落到地面上了。”

jiā jia huǎng rán dà wù xìng kuī yǒu le zhòng lì wǒ men cái bú huì fēi dào dì qiú wài miàn qù
佳佳恍然大悟:“幸亏有了重力,我们才不会飞到地球外面去!”

yīn wèi yǒu le zhòng lì suǒ yǒu de wù tǐ dōu néng bǎo chí yuán wèi le
因为有了重力，所有的物体都能保持原位了。

dōng tiān lái le jié bái de xuě huā fēn fēn yáng yáng de piāo luò xià lái jiā jia kàn zhe
冬天来了，洁白的雪花纷纷扬扬地飘落下来。佳佳看着
dà dì de xīn zhuāng tā míng bai nà shì zhòng lì de zuò yòng
大地的新装，它明白那是重力的作用。

hán dōng dì miàn yǐ jīng jié bīng le jiā jia hé xiǎo huǒ bàn
寒冬，地面已经结冰了，佳佳和小伙伴
men wán de kě gāo xìng le
们玩得可高兴了。

zhòng lì shì shēng huó zhōng bù kě quē
重力是生活中不可缺
de lì liàng yīn wèi yǒu le zhòng lì dà
的力量，因为有了重力，大
jiā bú yòng dān xīn huì luàn tào kě yǐ jìn
家不用担心会乱套，可以尽
qíng wán shuǎ le
情玩耍了。

延伸阅读

重力的表现

重力使种子发芽时表现出向地性，即根向下生长，是正向重力性。

茎向上生长，是负向重力性。

月球上有重力吗？

把物品系住悬挂起来，它们会向下垂直，这是因为重力的方向是竖直向下的。

月球上也是有重力的，因为物体的质量不随位置的改变而改变，所以月球上有物体就有重力。因为月球的引力是地球的六分之一，所以重力也是此物体在地球上重力的六分之一。

故事与科学的完美结合

奇妙科学探寻

《奇妙科学探寻》绘本的四大特色

★ 这是一套专门为3~9岁的小朋友编写的优秀科普读物。
★ 选取的都是小朋友最感兴趣的主题，包含了动物、植物、天文、地理等多个领域。
★ 语言生动活泼，再配以精致的插图，使全套书达到故事与科学的完美结合。
★ 书中精心设计了“成长笔记”和“延伸阅读”两个栏目，有助于激发小朋友探索科学的兴趣。